ESSAI

SUR

LE MOUVEMENT DES PLANÈTES
AUTOUR DU SOLEIL.

Tribut Académique,

Présenté à la Faculté des Sciences de Montpellier,

Par FRÉDÉRIC SARRUS,

POUR OBTENIR LE GRADE DE DOCTEUR ÈS SCIENCES.

MONTPELLIER,

De l'Imprimerie d'ISIDORE TOURNEL Aîné, rue Aiguillerie, n.° 43.

1821.

ESSAI

SUR

LE MOUVEMENT DES PLANÈTES

AUTOUR DU SOLEIL.

LA recherche du mouvement des planètes, étant un des points les plus importans et les plus difficiles de l'astronomie, a dû principalement exercer la sagacité des astronomes de tous les temps et de tous les pays. C'est elle qui a enfanté successivement les systèmes des Ptolomée, des Copernic, des Tycho, des Descartes ; c'est elle qui a donné naissance aux calculs et aux résultats de Képler ; résultats d'autant plus remarquables, qu'ils ont conduit Newton au principe de la gravitation universelle ; c'est enfin pour parvenir au même but que, dans des temps plus voisins de nous, les Clairaut, les d'Alembert, les Euler, les Lagrange, les Laplace, et plusieurs autres grands géomètres, ont déployé tour-à-tour les richesses de la plus savante analyse. Ce n'est donc point sans une excessive défiance de mes propres forces, qu'après tant d'admirables travaux, j'ose hasarder de revenir sur ce difficile problème ; pour le traiter, ou pour mieux dire, pour indiquer une manière de le traiter, que je crois entièrement nouvelle et qui a l'avantage de le ramener aux quadratures, quelque degré d'approximation que l'on veuille d'ailleurs obtenir. Pour ne pas revenir sur des formules aujourd'hui généralement connues des géomètres, je partirai immédiatement des équations différentielles du mouvement de la planète, que je considérerai en particulier ; j'enseignerai à les intégrer, d'abord, dans toute leur généralité ; et pour vérifier, par une application spéciale, les résultats que j'aurai obtenus, je supposerai ensuite que l'on peut se permettre de négliger l'action des planètes perturbatrices, et je parviendrai ainsi, d'une manière fort simple, à la démonstration des lois diverses auxquelles le nom de Képler a été attaché ; et c'est par là que je terminerai cet Essai.

Soit M la masse du soleil, réduite à un point. Prenons ce point pour l'origine des coordonnées rectangulaires, que nous supposerons d'ailleurs dirigées d'une manière quelconque dans l'espace, et auxquelles nous rapporterons tous les points. Soient m, m', m'', ... Les autres masses du système, que nous supposerons également réduites à des points, respectivement désignés par (x, y, z), (x', y', z'), (x'', y'', z''), ... Pour l'époque quelconque t ; alors si nous posons pour abréger

$$x^2 + y^2 + z^2 = r^2 \qquad M + m = \mu$$

et que, de plus, nous représentions par R, la fonction

$$\left\{
\begin{aligned}
&\frac{m'(xx' + yy' + zz')}{(x'^2 + y'^2 + z'^2)^{\frac{1}{2}}} - \frac{m'}{\left\{(x-x')^2 + (y-y')^2 + (z-z')^2\right\}^{\frac{1}{2}}} \\[2mm]
&+ \frac{m''(xx'' + yy'' + zz'')}{(x''^2 + y''^2 + z''^2)^{\frac{1}{2}}} - \frac{m''}{\left\{(x-x'')^2 + (y-y'')^2 + (z-z'')^2\right\}^{\frac{1}{2}}} \\[2mm]
&+ \ldots \ldots \ldots \ldots \ldots \ldots \ldots \ldots \ldots
\end{aligned}
\right.$$

Il est connu que les équations différentielles du corps m dans l'espace seront

$$o = \frac{ddx}{dt^2} + \frac{\mu\,x}{r^3} + \frac{dR}{dx},$$

$$o = \frac{ddy}{dt^2} + \frac{\mu\,y}{r^3} + \frac{dR}{dy}, \qquad\qquad (\text{1})$$

$$o = \frac{ddz}{dt^2} + \frac{\mu\,z}{r^3} + \frac{dR}{dz}.$$

Cela posé, prenant la somme des produits respectifs de ces équations par $z\,dx$, $z\,dy$, $z\,dz$ et intégrant, il viendra

$$o = \frac{dx^2 + dy^2 + dz^2}{dt^2} - \frac{x\,\mu}{r^3} + \frac{\mu}{a} + z\,S\,d'R; \qquad (\text{2})$$

a étant une constante introduite par l'intégration, et la différentielle $d'R$ étant uniquement relative à x, y, z.

Présentement l'équation $r^2 = x^2 + y^2 + z^2$ donne, par différentiation,

$$\tfrac{z}{z}\,dd.r^2 = x\,ddx + y\,ddy + z\,ddz + dx^2 + dy^2 + dz^2,$$

d'où, en mettant pour ddx, ddy, ddz, les valeurs que donnent les équations (1), et pour $dx^2 + dy^2 + dz^2$ celle que donne l'équation (2), et faisant pour abréger,

$$x\,\frac{dR}{dx} + y\,\frac{dR}{dy} + z\,\frac{dR}{dz} + z\,S\,d'R = P,$$

l'on tirera

$$o = \tfrac{z}{z}\,\frac{dd.r^2}{dt^2} - \frac{\mu}{r} + P, \qquad (\text{3})$$

6

qui, quoique très-simple, pourra le devenir encore davantage en changeant convenablement de variable indépendante. Soient u cette nouvelle variable, et n une constante, telles que l'on ait

$$andt = rdu, \qquad a^3 n^2 = \mu; \qquad (4)$$

l'équation (3) prendra, après quelques réductions, la forme très-simple

$$o = \frac{dd.\, r}{du^2} + r - a + \frac{ar\,P}{\mu}, \qquad (5)$$

dont l'intégrale est, en regardant rP comme une fonction de u entièrement connue,

$$\frac{r}{a} = \gamma + e\cos.(u - \alpha) + \cos.(u - \alpha)\,S\,\frac{rPdu\sin.(u - \alpha)}{\mu}$$

$$- \sin.(u - \alpha)\,S\,\frac{rPdu\cos.(u - \alpha)}{\mu};$$

dans laquelle e, α, sont deux constantes introduites par l'intégration.

Substituant cette valeur de r dans la première des équations (4) et intégrant, l'on trouve

$$nt = h + (u - \alpha) + e\sin.(u - \alpha)$$

$$+ \cos.(u - \alpha)\,Sdu\sin.(u - \alpha)\,S\,\frac{rPdu}{\mu}$$

$$- \sin.(u - \alpha)\,Sdu\cos.(u - \alpha)\,S\,\frac{rPdu}{\mu},$$

et en éliminant u entre cette équation et la précédente, l'on obtiendra r en fonction de t.

Si l'on observe que, en éliminant u entre ces deux équations, l'on élimine en même temps la coustante α, on pourra remplacer leur système par le suivant, qui est plus simple,

$$
\left.
\begin{aligned}
\frac{r}{a} &= 1 + e \cos. u + \cos. u\, S\, \frac{rP}{\mu}\, du \sin. u \\[1em]
&\quad - \sin. u\, S\, \frac{rP}{\mu}\, du \cos. u\, ; \\[1em]
nt &= h + u + e \sin. u + \cos. u\, S\, du \sin. u\, S\, \frac{rP}{\mu}\, du \\[1em]
&\quad - \sin. u\, S\, du \cos. u\, S\, \frac{rP}{\mu}\, du.
\end{aligned}
\right\} \quad (6)
$$

La valeur de r, en fonction de t, que l'on peut déduire de ce système d'équations, renferme deux constantes e, h, qui sont entièrement arbitraires, comme on devait s'y attendre ; cela posé, reprenons l'équation (3). En diférenciant tous ses termes par rapport à ces constantes, l'on trouve

$$
\left.
\begin{aligned}
o &= \frac{dd.\, r\, \frac{dr}{de}}{dt^2} + \frac{\mu r\, \frac{dr}{de}}{r^3} + \frac{dP}{de}\, , \\[1em]
o &= \frac{dd.\, r\, \frac{dr}{dh}}{dt^2} + \frac{\mu r\, \frac{dr}{dh}}{r^3} + \frac{dP}{dh}\, .
\end{aligned}
\right\} \quad (7)
$$

Combinons maintenant deux à deux ces équations avec la première des équations (1), pour en éliminer $\frac{\mu}{r^3}$, l'on trouve

$$r \frac{dr}{de} dd.\, r \frac{dr}{dh} - r \frac{dr}{dh} dd.\, r \frac{dr}{de} = r \left(\frac{dr}{dh} \frac{dP}{de} - \frac{dr}{de} \frac{dP}{dh} \right) dt^2,$$

$$r \frac{dr}{de} ddx - xdd.\, r \frac{dr}{de} = r \left(\frac{x}{r} \frac{dP}{de} - \frac{dr}{de} \frac{dR}{dx} \right) dt^2,$$

$$xdd.\, r \frac{dr}{dh} - r \frac{dr}{dh} ddx = r \left(\frac{dr}{dh} \frac{dR}{dh} - \frac{x}{r} \frac{dP}{dh} \right) dt^2 ;$$

dont une quelconque est comportée par les deux autres. Par une première intégration, et en faisant, pour abréger

$$K = K_0 + S\, r \left(\frac{dr}{dh} \frac{dP}{de} - \frac{dr}{de} \frac{dP}{dh} \right) dt, \qquad (8)$$

$$A = A_0 + S\, r \left(\frac{x}{r} \frac{dP}{de} - \frac{dr}{de} \frac{dR}{dx} \right) dt,$$

$$A' = A'_0 + S\, r \left(\frac{dr}{dh} \frac{dR}{dx} - \frac{x}{r} \frac{dP}{dh} \right) dt ;$$

dans lesquelles K_0, A_0 A'_0, sont des constantes introduites par l'intégration, elles donnent,

$$r \frac{dr}{de} d.\, r \frac{dr}{dh} - r \frac{dr}{dh} d.\, r \frac{dr}{de} = K\, dt,$$

$$r \frac{dr}{de} dx - xd.\, r \frac{dr}{de} = A\, dt,$$

$$xd.\, r \frac{dr}{dh} - r \frac{dr}{dh} dx = A'\, dt;$$

qui doivent être soumises à une certaine relation : en effet, le produit, du premier membre de la première par x, est identiquement égal à la somme des produits de la seconde , par $r\dfrac{dr}{dh}$, et de la troisième , par $r\dfrac{dr}{de}$; de sorte que l'on doit avoir

$$Kx = r\left(A\frac{dr}{dh} + A'\frac{dr}{de} \right) : \qquad (9)$$

En suivant une marche tout-à-fait semblable , l'on trouverait qu'en faisant

$$B = B_0 + Sr\left(\frac{\gamma}{r}\frac{dP}{de} - \frac{dr}{de}\frac{dR}{d\gamma} \right) dt ,$$

$$B' = B'_0 + Sr\left(\frac{dr}{dh}\frac{dR}{d\gamma} - \frac{\gamma}{r}\frac{dP}{dh} \right) dt ,$$

$$C = C_0 + Sr\left(\frac{z}{r}\frac{dP}{de} - \frac{dr}{de}\frac{dR}{dz} \right) dt ,$$

$$C' = C'_0 + Sr\left(\frac{dr}{dh}\frac{dR}{dz} - \frac{z}{r}\frac{dP}{dh} \right) dt ,$$

dans lesquelles B_0 , B'_0 , C_0 , C_0 sont de nouvelles constantes, l'on doit avoir pareillement

$$K\gamma = r\left(B\frac{dr}{dh} + B'\frac{dr}{de} \right) , \qquad (10)$$

$$Kz = r\left(C\frac{dr}{dh} + C'\frac{dr}{de} \right) ; \qquad (11)$$

et au moyen des équations $(6, 9, 10, 11)$, on obtiendra des

2

valeurs de x, y, z de plus en plus approchées (*). En effet, on voit, par ce qui précède, que tout se réduit à trouver les valeurs de R, rP, $x\dfrac{dP}{de}$, $y\dfrac{dP}{de}$, $z\dfrac{dP}{de}$, $x\dfrac{dP}{dh}$, $y\dfrac{dP}{dh}$, $z\dfrac{dP}{dh}$; or, en négligeant l'action des masses perturbatrices, ce qui donne $P = R = o$, l'on obtiendra des valeurs approchées de x, y, z, lesquelles à leur tour serviront à déterminer des valeurs approchées des fonctions précédentes, lesquelles à leur tour serviront à déterminer de nouvelles valeurs de x, y, z, plus approchées que les premières, et ainsi de suite.

Nous allons passer maintenant au cas où l'on néglige l'action des masses perturbatrices : alors, comme nous l'avons déjà dit, l'on a $R = P = o$, et par conséquent,

$$K = K_o, \quad A = A_o, \quad A' = A'_o, \quad B = B_o,$$

$$B' = B'_o, \quad C = C_o, \quad C = C'_o;$$

c'est-à-dire constantes, tandis que les équations (6) prennent la forme très-simple

$$\left.\begin{array}{l} r = a\,(1 + e\cos. u) \\[2mm] nt = h + u + e\sin. u \end{array}\right\} \quad (12)$$

desquelles l'on tirera par différenciation

$$\frac{1}{a}\frac{dr}{de} = \cos. u - e\frac{du}{de}\sin. u, \quad o = \sin. u + \frac{du}{de}(1 + e\cos. u)$$

(*) Les constantes K_o, A_o, A'_o, B_o, ... ne sauraient être entièrement arbitraires; car K_o sera déterminé par l'équation (8), et de plus l'on doit avoir identiquement $r^2 = x^2 + y^2 + z^2$.

$$\frac{1}{a}\frac{dr}{dh} = -\,e\,\frac{du}{dh}\sin.\,u, \quad o = 1 + \frac{du}{dh}(1 + e\cos.\,u)$$

éliminant $\frac{du}{de}$ entre les deux premières, et $\frac{du}{dh}$ entre les deux secondes, il viendra

$$\frac{1}{a}\frac{dr}{de} = \frac{e + \cos.\,u}{1 + e\cos.\,u}, \quad \frac{1}{a}\frac{dr}{dh} = \frac{e\sin.\,u}{1 + e\cos.\,u};$$

au moyen desquelles l'on déduira, des équations (9, 10, 11),

$$\left.\begin{aligned}
x &= \frac{a^2}{K}\left\{A\,e\sin.\,u + A'\,(e + \cos.\,u)\right\}, \\[2mm]
y &= \frac{a^2}{K}\left\{B\,e\sin.\,u + B'\,(e + \cos.\,u)\right\}, \\[2mm]
z &= \frac{a^2}{K}\left\{C\,e\sin.\,u + C'\,(e + \cos.\,u)\right\};
\end{aligned}\right\} \quad (13)$$

et comme, d'ailleurs, l'équation $r^2 = x^2 + y^2 + z^2$, doit avoir lieu indépendamment des valeurs particulières de u, l'on en conclura, en y substituant les valeurs de r, x, y, z, données par les équations (12, 13), que l'on doit avoir entre les constantes A, A', B, B', ... Les équations de condition

$$\left.\begin{aligned}
A^2 + B^2 + C^2 &= \frac{K^2}{a^2}\frac{1 - e^2}{e^2}, \\[2mm]
AA' + BB' + CC' &= 0, \\[2mm]
A'^2 + B'^2 + C'^2 &= \frac{K^2}{a^2};
\end{aligned}\right\} \quad (14)$$

au moyen desquelles il ne reste plus que six constantes, d'entièrement arbitraires, ainsi que l'exige la nature du problème.

Si, entre les équations (9, 10, 11), on élimine $\dfrac{dr}{dh}$, $\dfrac{dr}{de}$, on trouve pour résultat

$$(BC' - B'C)\, x + (A'C - AC')\, y + (AB' - A'B)\, z = 0;$$

ce qui fait voir que dans le cas actuel *le corps* m *ne sort pas d'un plan fixe passant par le soleil.*

Au moyen des équations de condition (14), on tire des équations (13)

$$A'x + B'y + C'z = (e + \cos. u)\, K:$$

éliminant cos. u entre cette équation et la suivante

$$r = a\,(1 + e \cos. u),$$

l'on trouve

$$r = a\,(1 - e^2) + \frac{ae}{K}\,(A'x + B'y + C'z), \qquad (15)$$

qui, combinée avec l'équation, $r^2 = x^2 + y^2 + z^2$, fait voir que l'orbite de la planète est en entier sur une surface du second ordre, et comme elle est plane, l'on en conclura qu'*elle est elle-même une ligne de cet ordre.*

De plus, l'équation (15) étant linéaire en x, y, z, r, l'on en conclura que l'origine des coordonnées, et par conséquent le centre du soleil, occupe l'un des foyers de cette courbe.

L'équation $r = a\,(1 + e \cos. u)$ donne pour les valeurs maximum et minimum de r

$$a\,(1 + e), \qquad\qquad a\,(1 - e)$$

dont la demi-somme est la constante a qui se trouve ainsi être le demi-grand axe de la courbe, tandis que ae en est l'excentricité.

Les formules (13) font voir que les valeurs de x, y, z, ne peuvent redevenir identiquement les mêmes, qu'autant qu'on augmente u d'un nombre entier quelconque de circonférences, mais que, dans ce cas, cette circonstance a nécessairement lieu. Partant,

Si l'on met dans la seconde des équations (12), $u + 2\pi$, au lieu de u (π désignant la demi-circonférence d'un cercle dont le rayon est égal à l'unité), et qu'on désigne par $t + T$ la valeur correspondante de t, T sera le temps d'une révolution entière de la planète. On aura d'ailleurs $T = \dfrac{2\pi}{n}$, passant de là au carré de T, et mettant $\dfrac{\mu}{a^3}$ au lieu de n^2, il viendra

$$T^2 = a.^3\, \frac{4\pi^2}{\mu} :$$

d'où l'on conclura que, comme μ est sensiblement le même pour toutes les planètes qui circulent autour du soleil, *le carré du temps de la révolution d'une planète est à très-peu près proportionnel au cube de son demi-grand axe.*

Les deux premières équations (13) donnent

$$x\,dy - y\,dx = \frac{a^4\,e}{K^2}\,(A'B - AB')\,(1 + e\cos. u)\,du$$

tandis que la dernière des équations (12) donne, par différenciation,

$$(1 + e\cos. u)\,du = n\,dt,$$

dont la substitution dans l'équation précédente la change en la suivante,

$$xdy - ydx = \frac{a^4 e}{K^2} \left(A'B - AB' \right) ndt \,;$$

or, on peut prendre, pour le plan des x, y, qui est arbitraire, le plan même de l'orbite de la planète, auquel cas $xdy - ydx$ sera le double de l'aire décrite par le rayon vecteur, dans l'instant dt ; il résulte donc de cette dernière formule, *que les aires décrites par les rayons vecteurs sont proportionnelles aux temps.* Ce qui achève de démontrer les lois de Képler, et de remplir la tâche que nous nous étions imposée.

PROFESSEURS

DE LA FACULTÉ DES SCIENCES.

MM.

GERGONNE, Doyen, *Professeur d'Astronomie.*

BLANQUET - DU - CHAYLA, *Professeur de Mathématiques transcendantes.*

ANGLADA, *Professeur de Chimie.*

PROVENÇAL, *Professeur de Zoologie.*

MARCEL DE SERRES, *Professeur de Minéralogie.*

LARCHER-D'AUBANCOURT, *Professeur de Physique.*

DUPORTAL, *Professeur-Adjoint.*

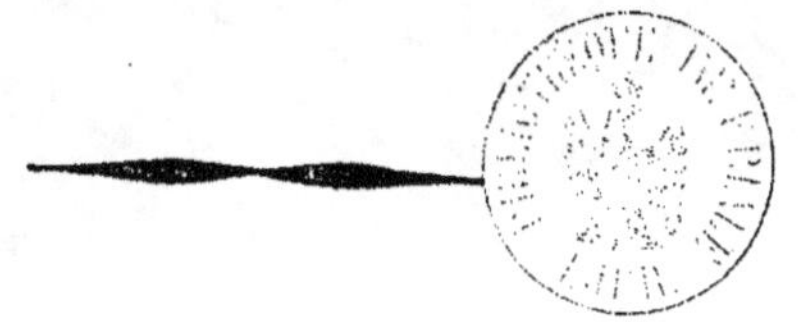